...thèque manuscrite des Écoles primaires : 2e partie

Premières Notions d'Histoire Naturelle et d'Économie domestique

autographiées

Pour exercer à la lecture des Manuscrits

Ouvrage autorisé

Par le Conseil de l'Instruction publique

PREMIER CAHIER

Culture et emploi du blé

Paris

Librairie de L. Hachette et Cie

Rue Pierre-Sarrazin, N° 14

(Près de l'École de médecine)

Bibliothèque manuscrite des Ecoles primaires : 2e partie

Premières Notions

d'Histoire Naturelle

et

d'Economie domestique

autographiées

Pour exercer à la lecture des manuscrits

contenant les notions les plus essentielles

1° sur la Culture et l'Emploi du blé
2° sur les Arbres, les Arbustes et les Plantes
3° sur les Animaux sauvages
4° sur les Animaux domestiques

Ouvrage autorisé

Par le Conseil de l'Instruction publique

Paris

Librairie de L. Hachette et Cie

Rue Pierre-Sarrazin, No 14

(Quartier de l'École de médecine)

Avis.

La Bibliothèque manuscrite des Écoles primaires se compose de quatre parties :

1re partie : *Choix gradué de 50 Sortes d'Écritures,*

2e partie : *Premières notions d'Histoire Naturelle et d'Économie Domestique;*

3e partie : *Histoire Sainte et Histoire de N.-S. Jésus-Christ,*

4e partie : *Manuel Épistolaire ou Lettres choisies de grands Écrivains et de Personnages célèbres.*

La 2e partie de la Bibliothèque manuscrite, comprenant les premières notions d'Histoire Naturelle et d'Économie Domestique, se compose des quatre cahiers suivants :

N° 1. *Culture et Emploi du blé :*
N° 2. *Arbres, Arbustes, Plantes :*
N° 3. *Animaux sauvages ;*
N° 4. *Animaux domestiques.*

Les quatre cahiers se vendent réunis ou séparés :

Les quatre cahiers réunis, 1 volume in-8°, cartonné. Prix. . . 1 fr. 50 c.
Chaque Numéro séparé. La douzaine. Prix. . . . . 4 fr. 50 c.

Tout exemplaire non revêtu de notre griffe, sera réputé contrefait.

L. Hachette et Cie

Paris. — Imprimerie de Ch. Lahure et Cie, rue de Fleurus, 9.

N° 1.

Culture et emploi du Blé.

Introduction.

Le pain, notre principale nourriture de tous les jours, se fait avec de la farine. Cette farine est une poudre plus ou moins blanche, plus ou moins fine, que l'on se procure en écrasant le grain du blé. Le blé est une herbe que l'homme cultive pour se nourrir; l'homme est obligé de la cultiver parce qu'elle ne pousse pas d'elle-même sans aucun soin, comme l'herbe des prairies que broutent les bœufs, les moutons et autres animaux. Pour que le blé devienne fort et porte beaucoup de grains, il faut que la terre soit remuée, réduite en poudre grossière avant d'y jeter la semence; cette herbe précieuse, durant toute sa croissance, depuis le moment où elle commence à germer, jusqu'à l'époque de la maturité du grain, exige du travail, des soins, c'est ce qu'on appelle cultiver. On nomme Cultivateur, Agriculteur,(a) celui qui s'occupe des travaux des champs. Ce métier, cet art, l'agriculture est le premier que Dieu a révélé aux hommes. Cette profession est la plus ancienne et la plus nécessaire. Anciennement le métier de laboureur était très-honoré, on a vu des Rois, des Princes et des généraux qui ne dédaignaient pas de tenir le manche de la charrue. Notre bon roi Henri IV a protégé et encouragé l'agriculture. Olivier de Serres a écrit dans ces temps le premier livre d'agriculture, et Henri IV s'en faisait lire un chapitre tous les jours.

Lorsqu'on parle d'une seule sorte de grain et [illegible]

(a) Le Fermier [illegible]

veut dire du blé, l'on désigne le grain qui donne le meilleur pain, la semence du froment ; mais lorsqu'on dit : les blés, on comprend plusieurs espèces de grains, dont la farine entre dans la fabrication du pain. Les plantes qui fournissent ces grains sont le plus communément le seigle, l'orge, l'avoine, le maïs ou blé de turquie, le riz ; on y ajoute le sarrasin ou blé noir. On désigne ces plantes sous le nom de céréales. Les payens avaient fait une déesse de Cérès, à laquelle ils attribuaient l'invention de la charrue. Toutes les plantes qui donnent des grains se ressemblent par la figure des feuilles, de la paille ou tige, et forment un assemblage auquel on a donné le nom de famille, parcequ'elles ont un air de parenté qui permet de ne pas les confondre avec d'autres. Cette famille a reçu la dénomination de famille des graminées, c'est le gramen ou chiendent qui lui a donné son nom. Le chiendent est une mauvaise herbe dont la racine longue et sucrée sert à faire de la tisane, et souvent embarrasse la charrue. Cette famille ne contient qu'une seule herbe malfaisante, l'ivraie, le mauvais grain dont il est parlé dans l'Evangile. Le roseau dont on fait des quenouilles est une graminée, aussi bien que la canne à sucre. Le meilleur foin est un mélange d'herbes dont la plus grande partie est de la famille des graminées. Cette famille est une des plus nombreuses et des plus utiles ; elle est de même la plus répandue. Il n'existe point de pays sur la terre où l'on ne trouve un nombre plus ou moins grand de graminées.

Le Laboureur.

1re Leçon.

Cet homme en blouse qui est au milieu des champs et qui suit la charrue en s'appuyant sur les cornes ou manches, c'est le laboureur. Il tient d'une main les guides des chevaux qui tirent la charrue, ou bien un long bâton pour piquer les bœufs. Quelquefois les bêtes sont conduites par un enfant de dix à douze ans pour qu'elles ne quittent pas la raie. La charrue est la plus précieuse, la plus importante de toutes les machines, de toutes les inventions que l'homme a faites pour augmenter sa force, diminuer sa peine et faire plus de besogne en moins de temps; ainsi avec la bêche qui est un instrument simple, il pourrait, à force de bras, creuser une raie et retourner la terre comme font les jardiniers; mais il lui faudrait beaucoup de travail et de personnes, ou bien il mettrait trop de temps. On ne connaît pas le nom de celui qui le premier a fait usage de la charrue; l'invention en remonte aux temps les plus anciens. On remarque, dans une charrue, plusieurs parties ou pièces qui ont chacune un emploi; le coutre est une espèce de lame de couteau qui ouvre et fend la terre; le soc est un couteau pointu qui s'enfonce dans l'ouverture faite par le coutre, coupe la terre en tranches qu'il soulève, l'oreille ou le versoir reçoit la tranche de terre coupée qui glisse sur la courbure et se trouve retournée sens dessus dessous. Le cep est un morceau de bois plat garni de fer dessous et auquel sont attachés le soc et le versoir ou l'oreille. Toutes ces pièces sont fixées à une longue perche en bois qu'on nomme la flèche. Les manches ou cornes sont deux montants en bois un peu courbés qui sont au-dessus et derrière le cep; ils servent au laboureur pour tenir la charrue dans une même direction et faire un sillon droit, il s'en sert aussi pour soulever le soc et le faire sortir de terre. Les pièces que je viens de vous nommer forment, étant assemblées, la charrue la plus simple, celle qu'on nomme araire. La charrue la plus usitée en France avec avant train ; cet avant train consiste en deux roues jointes sur un essieu et quelquefois l'une des roues est plus petite que l'autre ; sur l'essieu est placé un montant surmonté de deux montants et qu'on nomme la sellette, qui est destinée à soutenir la flèche à une hauteur plus ou moins grande ; le limonier tient aussi à l'essieu, d'un côté il reçoit une ou plusieurs chaînes qui le joignent à l'araire ou arrière train ; à l'autre côté est accroché l'épars, qui tient de chacun des bouts par des crochets en fer aux deux palonniers auxquels sont attachés les traits des chevaux. Lorsqu'on se sert de l'araire, on attache l'épars à la flèche

Du Labourage.

Labourer un champ, c'est tracer dans la terre avec la charrue des raies creuses ou sillons, et retourner la terre pour l'exposer à l'air et à la pluie. On laboure aussi pour diviser la terre, enterrer les mauvaises herbes et le fumier. La terre réduite en poudre est ameublie, plus légère, les grosses mottes sont brisées et alors les racines de la plante y pénètrent et s'enfoncent pour chercher leur nourriture. Le laboureur qui tient les cornes maintient la charrue droite ; on donne au sillon une profondeur plus ou moins grande en faisant entrer le soc plus ou moins avant dans la terre ; lorsque le laboureur est arrivé au bout du champ, il retourne la charrue pour recommencer une autre raie. On emploie pour tirer la charrue, des chevaux ou des mulets, des bœufs et des vaches ; les chevaux sont plus vifs que les bœufs, ils font plus d'ouvrage en un jour ; les bœufs sont plus forts, plus lents et plus patients, plus faciles à conduire, mais il faut les accoutumer de bonne heure à ce travail, ils supportent la fatigue plus longtemps, ils coûtent moins à nourrir, donnent plus de fumier, et lorsqu'ils ne peuvent plus servir au labourage, on les engraisse pour les vendre au boucher. Dans les pays pauvres on voit plus généralement les bœufs attelés à la charrue. Les bêtes tirent plus ou moins suivant que la terre est sèche et dure.

Diverses sortes de terres.

Il y a plusieurs espèces de terres ou de terrains ; on les distingue en terres fortes ou froides, terres légères ou chaudes ; les premières sont dures, étant sèches, difficiles à couper, la charrue les lève en grosses mottes ; elles se mouillent lentement, mais à mesure qu'elles s'humectent, elles forment une pâte qui s'attache aux pieds ; c'est ce qu'on nomme terres argileuses, parce qu'elles contiennent beaucoup d'argile ; cette substance avec laquelle on fait des pots, des briques, de la faïence, retient l'eau avec force, se dessèche difficilement ; étant mouillées, elles sont donc sujettes à [illegible], lorsque des terres de cette sorte se dessèchent, elles se durcissent et elles se fendent. Les terres légères ressemblent à du sable; elles se mouillent comme une éponge et se dessèchent de la même manière; elles n'ont pas de liant, elles s'échauffent plus vite que les autres au soleil; il existe une espèce de terre qu'on appelle calcaire, parce que si on la calcine au feu elle donne de la chaux comme celle qui sert à faire le mortier.

Pour qu'une terre soit bonne à la culture du blé, il faut qu'elle soit composée de terre glaise ou argile, de sable et de calcaire, de manière à ce que le mélange ne donne une terre ni trop forte ni trop légère, ce que nos cultivateurs nomment terres franches. On appelle terre végétale celle qui est à la surface du globe terrestre, celle que nous foulons aux pieds; cette terre qui s'est amassée ainsi dans les vallées et les plaines contient des portions de racines, des plantes qui ont végété à l'état sauvage, qui sont mortes sans être récoltées. Ces parties de plantes qui ont pourri en terre, forment du terreau qui rend les terrains fertiles, c'est à dire propres à donner des récoltes de grains abondantes. Lorsqu'une terre a été longtemps abandonnée et qu'elle n'a produit que de mauvaises herbes, telles que du genêt, des bruyères, des ronces, des fougères, ou qu'elle a servi au pâturage du bétail du village, c'est une terre en friche, en landes, pâtis, bruyères, terrains incultes. Au moyen d'une charrue faite exprès, on les défonce, c'est à dire on arrache les herbes, on coupe les racines, on laboure la terre profondément; quelquefois on enlève le gazon en plaques comme des carreaux, on brûle ce gazon et on en répand les cendres dans le champ; on appelle cela écobuer, mettre en culture, convertir en terres arables ou propres à la culture des céréales. On laboure plusieurs fois le champ avant de semer le grain; on laboure plus souvent les terres fortes, argileuses que celles qui sont légères; on enterre le fumier par le labourage. Au moment de la semaille on fait des sillons moins profonds. On ne laboure les terres fortes que lorsqu'elles sont égouttées, mais non desséchées à faire croûte; on ne met pas la charrue dans les terres sablonneuses lorsque le temps est chaud et desséchant. On divise les champs en plusieurs planches ou sillons plus ou moins larges, quelquefois bombés et qui contiennent plusieurs sillons; ces planches ou sillons sont séparés par des raies plus profondes, plus larges, qui facilitent l'écoulement des eaux de pluie, de la fonte des neiges, afin que le blé ne soit pas noyé; on entretient avec soin ces raies ou petites fosses pendant l'automne et l'hiver, époque ordinaire des pluies et des neiges. La neige est utile aux blés, elle les garantit de la gelée.

Des Engrais.

Sans le fumier, il n'y a pas de culture possible, à moins qu'il ne s'agisse de terres d'une fécondité extraordinaire, et qui font exception. Cette vérité est si bien reconnue que les grands propriétaires mettent dans les baux de leurs fermiers, que ces derniers ne vendront pas de paille, et que tout ce qu'ils en récolteront sera consommé sur la ferme. Par là, ils s'assurent que leurs terres seront toujours bien engraissées en tout temps. Les fumiers dont on fait usage sont ceux de cheval, de vache, de chèvre et de mouton. Le premier est chaud et s'emploie dans les terres froides; le second est plus humide et s'emploie dans les terres sèches et légères. Au sortir de l'écurie ou de l'étable, on met d'abord le fumier dans de grandes fosses appelées trous à fumier où on le laisse séjourner pendant quelque temps. Là il subit une fermentation naturelle qui a ajouté à sa qualité. Pour aider à cette fermentation, on a soin de le tenir humide, principalement en été, en l'arrosant avec de l'eau, ou mieux encore, avec l'urine qui sort des étables et des écuries. On l'abrite aussi des rayons du soleil, soit en plantant quelques arbres autour, soit en le couvrant avec des claies, car le soleil le dessècherait et lui enlèverait toutes ses qualités fertilisantes. Dans certaines localités, on emploie encore comme fumier, les boues et les immondices ramassées dans les rues des villes. Ce fumier est d'une qualité inférieure, et donne souvent un goût désagréable aux plantes sur lesquelles on le répand.

On fait également usage d'autres engrais qui se sèment en poudre sur les terres; ces engrais sont la fiente des pigeons; des os d'animaux pulvérisés; de la poudrette, terreau composé avec des vidanges de latrines desséchées et mélangées avec de la bonne terre; de la marne, sorte de terre grasse que l'on trouve dans certains pays; de la chaux; du plâtre cuit et pulvérisé; de l'Urate, poudre de plâtre qui a été infusée dans de l'urine. Une des meilleures manières de fumer les terres, c'est d'y faire parquer des moutons. La chaleur naturelle de ces animaux, leur urine et leurs crottins forment un des plus puissants engrais que l'on connaisse.

Le Semeur

2e Leçon.

Après les labours, pour que le champ soit convenablement préparé à recevoir la semence, on unit le terrain avec la herse. La herse est un cadre en bois carré ou bien en triangle, portant plusieurs traverses qui sont armées de pointes ou dents en bois dur, mais mieux en fer ; on attelle un cheval à la herse que l'on promène dans le champ en long et en travers. La herse déracine, arrache, entraîne les mauvaises herbes, expose les racines à l'air qui les dessèche ; elle brise, écrase les mottes et nivelle le sol.

Il y a plusieurs espèces de froment, et l'on croit que ces différences proviennent de la nature du terrain et de la manière dont se passent dans le pays les diverses saisons ; c'est ce qu'on appelle le climat ; le climat chaud et sec est celui d'une contrée où il fait très chaud pendant toute l'année et où il pleut rarement ; on dit que le climat est froid et humide, lorsque les jours de froid, de gelée et de pluie sont plus fréquents que les jours de beau temps. Le climat de la France est tempéré, parce que nous n'avons ni de très fortes chaleurs, ni des froids excessifs ; mais il y a encore entre le nord et le midi beaucoup de différence, il fait aussi plus chaud au bas des montagnes qu'à leur sommet. Les oliviers et les orangers croissent et vivent en pleine terre toute l'année dans la Provence, comme les pommiers et les cerisiers aux environs de Paris ; on est obligé de les renfermer pendant l'hiver dans une grande partie de la France.

On a partagé les blés en blé dur et en blé tendre: le premier est celui dont le grain est difficile à casser entre les dents; il est transparent comme de la corne, il donne une farine moins blanche et plus de son, c'est celui que l'on cultive dans les pays chauds. Le blé tendre se casse facilement, il est blanc en dedans, il fournit une belle farine, le son est mince et léger, c'est celui que l'on cultive le plus généralement en France il vient mieux au nord; il y a des blés dont le grain est blanc ou un peu jaune et d'autres qui ont un grain plus ou moins rouge; on distingue aussi les blés en blés de Mars et blés de saison, les premiers sont semés au mois de mars ou bien encore au commencement de février jusqu'à la fin d'Avril, et les autres en Octobre et Novembre et quelquefois en Septembre.

Le semeur est celui que vous voyez sur l'image, au bout du champ; il marche à pas comptés et égaux, à chaque pas il jette d'une main une poignée de grain qu'il répand aussi également que possible comme une espèce de pluie. Le grain qu'il doit semer est devant lui dans un tablier long et qui est noué derrière le dos, le bas est roulé autour de son bras et est tenu d'une main, ce qui forme une espèce de poche. Il faut que le semeur ait beaucoup d'adresse et une grande habitude, aussi un bon semeur est un homme difficile à rencontrer. Semer dru, c'est répandre une quantité de grain telle que les plantes qui viennent se touchent et couvrent le sol. On sème clair lorsqu'on veut que les plantes soient écartées les unes des autres.

Quelquefois on ensemence les champs en lignes comme les Jardiniers sèment la salade, les Epinards; on trace avec une charrue qu'on nomme rayonneur des lignes ou raies peu profondes, également éloignées l'une de l'autre, ensuite on répand le grain dans les raies, ce qu'on appelle semer en lignes; cette manière de semer exige moins de grains de semence.

Comme il est souvent utile de ménager la semence, on a inventé des machines qui font le travail du semeur et qu'on nomme semoirs. Ils sèment à la volée ou en lignes; on donne la préférence au semis en lignes, parce que les plantes qui viennent sont placées de manière à n'être pas coupées quand on veut enlever les mauvaises herbes. Lorsque le grain est semé, on passe la herse pour les recouvrir, afin que les oiseaux ne les mangent pas. On ne doit employer pour semence que les blés les plus lourds, les plus mûrs et les plus propres.

Le froment demande une terre qui ne soit ni trop argileuse, ni trop légère; il vient mieux dans une terre forte que sur un sol sablonneux et complètement calcaire. Lorsqu'il pleut trop longtemps après la semaille, le grain pourrit en terre; s'il fait trop sec, la plante ne lève pas, mais elle n'est que retardée et risque d'être surprise par les gelées et autres accidents. On sème le seigle comme le blé, en automne et au printemps; il ne demande pas un aussi bon sol que le froment, il vient sur des terres qui ne donneraient que de mauvaises récoltes de celui-ci. C'est une ressource, un bienfait de la providence pour les pauvres habitants des montagnes. On distingue aussi les variétés d'orge, en orge de saison et orge de mars. Ce grain est plus difficile pour le terrain que le seigle. L'avoine se sème aussi au printemps et en automne, elle vient dans toutes sortes de terres. Le Blé de Turquie exige un climat chaud; il se sème en Avril ou Mai, suivant le climat; il lui faut une bonne terre, de l'engrais, une humidité et une chaleur assez constantes pendant tout le temps qu'il reste en terre; il ne mûrit pas dans les pays trop froids; on le sème à la volée, mais comme le grain est gros, le mieux est de le semer à la main en lignes, ou bien on le plante dans des trous faits avec un plantoir: le plantoir est un bâton en bois dont un des bouts est taillé en pointe pour faire le trou et on laisse entre chaque trou, près d'un mètre de distance de tous côtés. Le sarrasin se sème au printemps, lorsqu'on ne craint plus les gelées tardives; il réussit sur tous les terrains et ne redoute qu'une trop grande humidité. On ne cultive pas le riz en France.

Soins ou cultures à donner aux blés jusqu'à la moisson.

Toutes les espèces de blé sont des plantes annuelles, c'est-à-dire qui n'existent qu'une seule année et périssent en entier lorsque les graines sont mûres. Lorsque le grain de blé est dans la terre et que celle-ci n'est pas trop sèche ou trop mouillée, il se gonfle, germe, et pousse une petite racine qui s'enfonce dans la terre et une petite tige verte qui s'élève au dessus; on dit alors qu'il lève. La tige grandit et forme ce qu'on appelle un chaume. Le chaume (ou paille) est creux dans l'intérieur, il est divisé par des nœuds de distance en distance; à chaque nœud est une feuille longue et étroite, qui enveloppe le chaume comme une espèce d'étui; la feuille du nœud supérieur n'est pas du même côté que celle de celui qui est plus bas. L'extrémité du chaume porte l'épi, qui sort, au printemps, d'une espèce d'étui qui le garantissait du froid; l'épi est la partie importante du blé, il porte les fleurs. Ces fleurs sont entourées de plusieurs écailles qu'on appelle balles, au milieu desquelles se forme le grain. Ces fleurs sont rangées de chaque côté d'une espèce de côte, l'une au dessus de l'autre. Dans plusieurs espèces les écailles ont de longs fils raides ou arêtes, ce qui donne les blés dits barbus.

L'hiver, on a soin de creuser des raies d'écoulement pour que les blés ne soient pas couverts d'eau; après l'hiver, si les gelées ont soulevé les racines des blés, on promène dessus un gros rouleau de bois qui les fixe dans la terre; il y en a sur lesquelles on fait passer la herse. Un soin important c'est d'arracher les mauvaises herbes avant qu'elles ne soient en fleur; toutes les plantes qui viennent au milieu des blés, telles que les chardons, les bluets, les pavots rouges, des espèces de ravis ou de moutarde, les marguerites, nuisent à la récolte et mêlent leurs graines à celles du blé. Lorsque les grains sont semés en lignes, on les sarcle avec un petit instrument qu'on nomme sarcloir, qui coupe les herbes par la racine et rafraîchit la terre. Les blés sont sujets à plusieurs accidents ou maladies dont les plus dangereuses sont celles qu'on nomme charbon et carie. Dans les blés attaqués par la carie la partie farineuse est convertie en une poudre noire, fine et qui répand une mauvaise odeur; cette poudre s'attache aux grains non malades et se mêle avec la farine, elle donne au pain un goût désagréable; on a trouvé le moyen de préserver les grains de cette maladie qui perd quelquefois une grande partie de la récolte; le remède est fort simple: avant de semer le blé on trempe le grain dans de l'eau où l'on a mis de la chaux à éteindre, ou bien on prend la chaux qu'on met en poudre en l'humectant, on la répand sur du grain qui a été mouillé avec de l'eau dans laquelle on a fait fondre un sel qu'on nomme sel de Glauber, (sulfate de soude,) qui se vend chez les Droguistes, on remue le grain jusqu'à ce qu'il soit tout blanc comme si on l'avait roulé dans la farine; ce moyen a été indiqué par M. de Dombasle, qui a rendu de grands services en formant la première école de laboureurs en France. On appelle chaulage la préparation de la semence passée à la chaux, on peut chauler en mêlant de la chaux avec une lessive de cendres ordinaires. Lorsque le terrain est bon et fumé convenablement, qu'il n'est pas semé trop dru, il sort de la même racine plusieurs chaumes, chacun porte un épi et fournit du grain. Dans ce cas on dit que le blé talle. Un hersage donné à propos au printemps, éclaircit les blés trop serrés et les fait taller.

Le Moissonneur.

3e Leçon.

Nous sommes arrivés au moment si désiré par le laboureur, celui de la récolte. La terre n'est plus couverte d'un feuillage vert, le chaume plus ou moins élevé offre une paille jaune, luisante. Les épis dorés réjouissent le cultivateur, qui voit renfermée en eux la récompense de ses peines. Eh bien! mes enfants, il arrive quelquefois, au moment de la récolte, un orage qui détruit presque tout, ruine le laboureur et met la cherté dans les grains, ou bien il survient un mauvais temps, il tombe de la pluie qui empêche le grain de sécher et retarde sa rentrée. Ainsi, jusqu'à ce que le blé soit dans le grenier, il peut être plus ou moins gâté et la farine donne un mauvais pain. Les bonnes années, celles de récoltes abondantes ne se suivent pas. Les années tout-à-fait mauvaises, celles qui ne rendent pas suffisamment pour nos besoins et que l'on nomme de disette, sont assez rares en France. Aujourd'hui, au moyen de la pomme de terre, on ne peut plus craindre de disette en France. Depuis plusieurs années, le pain est à un prix qui permet aux ouvriers de nourrir leur famille avec le salaire de leur travail.... Revenons à nos moissonneurs.

Ces trois hommes, représentés sur la gravure, sont occupés à la moisson : le premier qui est courbé presque jusqu'à terre, saisit d'une main une poignée de chaume, et de l'autre il tient une faucille avec laquelle il les scie. La faucille est composée d'un manche et d'une lame en demi-cercle ou croissant; la partie qui coupe ou le tranchant, a des dents de scie très fines; derrière le scieur sont quelquefois des femmes qui ramassent les poignées et forment des javelles qu'elles couchent sur la terre; lorsqu'il fait beau temps et du soleil et que le chaud se continue le blé sèche promptement, on le retourne doucement avec des fourches pour qu'il sèche plus vite; ensuite on étend sur la terre un lien, une attache faite avec de la paille de seigle, et sur ce lien on arrange plusieurs javelles, qu'un autre homme, après avoir mis son genou dessus, serre et attache en faisant un nœud. Le tout tient alors ensemble et forme une gerbe. Cette gerbe se place droite sur le champ, les épis étant en l'air; le troisième ouvrier emporte les gerbes pour les arranger en dizaines ou tas de dix distribuées sur une ligne dans le champ, ensuite on les charge sur un chariot avec précaution, pour les conduire à la maison; là on les accumule dans un endroit préparé qu'on nomme le Gerbier ou la grange. Tout ce travail se fait pendant les mois les plus chauds de l'année, ceux de Juillet et Août: les moissonneurs sont ainsi exposés à l'ardeur du soleil dont ils souffrent beaucoup, aussi on doit avoir soin d'eux; comme ils sont très altérés ils croient se soulager en buvant de l'eau; c'est tout le contraire, cette boisson les affaiblit et les rend malades, d'un autre côté le vin pur augmenterait encore leur soif dévorante. Les bons maîtres leur donnent pour boisson de l'eau et du vinaigre et quelquefois du vin ou du cidre; la meilleure boisson pour les moissonneurs, c'est de l'eau avec un peu de vinaigre ou d'eau-de-vie.

On doit ne point perdre de temps pour les récoltes et employer le nombre d'ouvriers nécessaire pour les mettre en sûreté. Un orage est bientôt venu. Dans les campagnes, pendant le temps des récoltes, les curés sont dans l'habitude de dire la messe de grand matin, afin qu'après avoir assisté à l'office divin, les laboureurs puissent travailler, même le dimanche; hors ces travaux pressants, l'heure des offices n'est pas changée et l'on ne doit pas négliger de sanctifier le dimanche. Lorsqu'on destine le blé à faire de la farine, on peut le couper un peu avant qu'il soit tout à fait mûr; mais si on veut du blé pour semence, on le laisse mûrir davantage. Il y a des cultivateurs soigneux qui poussent la précaution jusqu'à faire choisir les épis les plus beaux et les font couper séparément, d'autres sèment dans une place séparée le grain qui doit leur donner un blé de semence.

L'abattage du blé avec la faucille est très pénible et ne va pas très-vite, aussi dans quelques pays on fauche les blés à peu près de la même manière que l'on fauche l'herbe des prés, on se sert pour cela d'une faulx armée d'un râteau qui rassemble le blé coupé. Vous voyez dans la gravure, au dessus de celui qui lie une gerbe, un moissonneur qui fauche du blé; il se fatigue moins que celui qui scie avec la faucille, il coupe plus près de terre et la paille est plus longue, il fait presque le double du travail, c'est-à-dire qu'il coupe deux poignées pendant que l'autre n'en coupe qu'une; c'est un grand avantage lorsqu'on a beaucoup de blé à moissonner et que le temps annonce de la pluie. Un avantage non moins important, c'est que ce procédé égrène moins les épis; car les sciant avec la faucille, on imprime une secousse qui fait tomber un assez bon nombre de grains. Lorsque le blé est coupé et qu'on ne peut le rentrer, parcequ'il ne sèche pas assez vite, on l'arrange en petits tas; les épis sont en dedans, et le tout couvert adroitement avec une gerbe qui sert de chapeau; ainsi arrangé la pluie ne le gâte point, et on profite du premier beau temps pour le faire sécher et le mettre en gerbe. Lorsque l'on manque de place ou bien que l'on ne trouve pas le loisir pour transporter les gerbes, on construit de gros tas ou meules sur place dans les champs; on en a représenté une tour près de l'homme qui fauche; c'est une espèce de tour ronde faite avec les gerbes mêmes qui sont rangées sur un rang de fagots posés sur terre. Les gerbes ont les épis tournés en dedans autour d'une perche plantée au milieu; elles sont placées les unes sur les autres jusqu'à trois ou quatre mètres de haut; le tout est recouvert d'un toit en paille terminé en pointe et qui dépasse un peu les gerbes; elles se conservent ainsi arrangées même pendant l'hiver, sans que le grain soit gâté par la pluie, s'échauffe ou moisisse, ce qui arrive lorsqu'il est mouillé.

Epoque de la moisson en France.

On moissonne plus tôt dans les pays chauds que dans les pays froids, c'est-à-dire dans ceux du midi que dans ceux du nord; ainsi on a fini les moissons en Provence avant que celles des environs de Paris soient commencées. Le seigle mûrit le premier, et c'est par lui que la moisson commence; vient ensuite le blé froment. Les blés de Mars sont mûrs en même temps que les blés de saison.

Après le blé on coupe les orges et les avoines. Comme ces dernières mûrissent tard, plus leur récolte donne d'embarras, parce qu'alors arrive la saison des pluies; c'est pourquoi on les fauche pour que le travail soit plus tôt fait.

Lorsque le cultivateur a enlevé les gerbes, le champ est livré aux pauvres du pays qui vont glaner. Ces glaneurs sont le plus souvent des femmes et des enfants qui parcourent le champ et ramassent les épis que les moissonneurs ont laissé tomber, ou qui, étant trop courts, n'ont pu être liés. C'est un usage établi depuis longtemps dans les campagnes. C'est une aumône que le riche fait volontiers aux malheureux. Aussi, les agriculteurs pieux et humains laissent leurs champs libres un temps suffisant pour ne pas priver de cette faible récolte, qui serait perdue pour eux, les pauvres gens, qui par leurs prières, attirent sur le champ les bénédictions du Seigneur. En recommandant aux riches de ne pas priver les glaneurs de cette faible ressource, nous devons avertir ces derniers de ne pas abuser de cette permission. Ils ne doivent entrer dans le champ qu'après l'enlèvement entier des gerbes, et ne causer aucun tort au maître en coupant les haies ou dégradant les fossés. Après que le champ a été parcouru par les glaneurs, on y mène les moutons qui broutent les herbes et même la partie du chaume qui n'a pas été coupée et qu'on appelle éteules ou estoubles dans quelques pays. Dans beaucoup d'endroits, on laisse le champ en jachère, c'est-à-dire que pendant un an, on ne lui fait pas produire de récolte; néanmoins on le laboure plusieurs fois. Dans une grande partie de la France, sur trois années on ensemence deux fois, et ce n'est que la troisième année que le terrain reste en jachères; de cette manière, un tiers des champs est abandonné tous les ans. Aujourd'hui, beaucoup de laboureurs ont pensé qu'ils pouvaient bien faire comme les jardiniers, qui ne laissent pas leurs terrains se reposer, c'est pourquoi, aussitôt qu'une récolte est enlevée, on laboure afin que la terre soit prête à recevoir la semence d'une autre plante. Actuellement on ne sème pas du blé dans un champ qui vient de rapporter du blé, mais on sème du trèfle, ou bien des colzas pour avoir de l'huile, ou bien des betteraves pour en avoir du sucre, et tant d'autres plantes qu'il serait trop long de vous nommer; c'est ce qu'on nomme une culture alterne ou succession de récoltes, parce que chaque espèce de plante [illegible], pour cette manière de cultiver, il faut beaucoup de fumier.

Parlons maintenant de l'assolement. Je suppose que l'on partage les terres qui sont à cultiver en quatre champs, sur chacun desquels on sèmera une plante différente. On aura ce qu'on nomme quatre soles ou un assolement de quatre ans. Les quatre champs sont semés l'un en blé d'hiver, le second en pommes de terre, le troisième en trèfle et le quatrième en blé de Turquie ; l'année prochaine le premier recevra des pommes de terre, le second du blé d'hiver, le troisième du blé de Turquie et le quatrième du trèfle. On change de même les années suivantes, de telle manière que la même plante ne revienne sur le même champ qu'au bout de quatre ans, en ayant soin qu'un blé ne suive pas un autre blé, c'est ce qui constitue un cours, une rotation de récolte ; cet arrangement permet d'avoir un champ toujours garni. Cette manière de cultiver est nommée culture améliorée, en la comparant à celle avec jachère, suivie le plus généralement par les cultivateurs routiniers.

La moisson du blé de Turquie se fait quelques semaines plus tard ; cette plante mûrit plus difficilement dans les pays froids. On la cultive peu en grand. On arrache les tiges qui sont beaucoup plus grosses que les chaumes des blés, pleines et remplies de moelle sucrée. Les épis qui sont très gros, viennent sur les côtés de la tige et restent couverts de longues feuilles qui les enveloppent ; on transporte les tiges dans la ferme, on détache les épis, et on leur enlève les feuilles qui les recouvrent ; aux épis que l'on garde pour semence, on laisse deux ou trois feuilles, que l'on renverse en arrière ; on réunit alors plusieurs épis six ou huit, on en forme un faisceau en liant les feuilles avec des brins d'osier et ensuite on les suspend sur des perches au plancher. On croit que le blé de Turquie nous est venu de l'Amérique comme la pomme de terre ; il est du moins constant qu'il était cultivé dans ce pays lorsque Christophe Colomb en a fait la découverte. Au Mexique, il fait la principale nourriture des habitants, il remplace le blé dont nous faisons le pain.

Le sarrasin dans les pays où on le cultive, comme en Bretagne, se récolte après les céréales, on l'arrache et on le lie en gerbes qui sèchent difficilement lorsque le temps est à la pluie.

Le Batteur en grange.

4e Leçon.

Lorsque le blé est coupé, mis en gerbes et rentré, on le laisse dans cet état plus ou moins longtemps avant de séparer le grain de la paille. Si le blé n'a pas été récolté bien mûr, on ne doit pas procéder immédiatement à cette opération; même une grande partie des cultivateurs ne veulent pas que l'on coupe les blés avant que le grain ne cède plus entre les doigts et qu'il ait un peu de dureté. Les petits cultivateurs qui ont peu de blé et qui attendent ce moment, pour avoir du pain, battent leurs grains immédiatement après la récolte; on fait battre aussi les gerbes de choix dont le grain doit servir de semence. Les gros fermiers attendent, pour battre, la terminaison des travaux les plus pressants; ils commencent leur battage au mois de Janvier dans quelques pays. D'autres ne battent qu'au fur et à mesure qu'ils ont besoin de grain pour conduire sur le marché. Il existe plusieurs manières de séparer le grain de la paille, le battage au fléau, le dépicage, l'emploi des machines dont l'invention est nouvelle.

Le battage au fléau est en usage dans nos provinces du nord, c'est la manière d'opérer qui paraît la plus généralement adoptée, quoiqu'elle ne soit pas la plus expéditive, elle brise moins la paille.

Un batteur bon travailleur, peut battre en un jour, quatre-vingt dix gerbes de froment, cent huit d'avoine et cent cinquante quatre d'orge. Le battage s'exécute en plein air, dans une cour, quelquefois dans un champ ou sur le chemin; mais comme on n'a pas toujours du beau temps, surtout si l'on attend jusqu'au mois de janvier, on bat aussi souvent les grains dans une grange. On prépare d'abord l'aire ou la place sur laquelle on veut faire le battage; le sol doit avoir de la fermeté pour résister aux coups du fléau, et être arrangé de manière à ne pas fournir de poussière. Une bonne aire facilite beaucoup l'ouvrage. Dans plusieurs pays, l'aire de la grange est construite en pierres larges et épaisses, ou bien en briques mises sur le côté et scellées avec du plâtre. Le fléau est composé de deux bâtons attachés l'un au bout de l'autre avec des courroies qui passent l'une dans l'autre: on voit un fléau entre les mains de cet ouvrier au moment où il le lève pour frapper sur les épis qui sont étendus devant lui sur l'aire ou le pavé de la grange. La partie qui bat ou le fléau proprement dit, tourne et frappe sur toute sa longueur les épis; les gerbes sont placées sur l'aire et forment une couche d'une épaisseur égale et de la largeur de la place. Il est rare que le battage se fasse par un seul homme; on réunit toujours plusieurs batteurs qui font tomber leurs fléaux chacun l'un après l'autre, de sorte que le tas reçoit des coups continus; lorsque les gerbes sont battues d'un côté, on les retourne de l'autre et on recommence le battage; on les doublera ensuite et on étend la paille avec une fourche. Aussitôt que le battage est terminé, que les épis paraissent vidés, on enlève la paille, la plus grosse avec les fourches, on rassemble la plus menue avec le râteau; on réunit le grain qui est au-dessous, avec la balle en bouffés, au moyen du balai et de la pelle; on le pousse ensuite en tas dans un coin de la grange, contre le mur, avec une planche emmanchée au bout d'un bâton. Tous ces instruments très simples sont représentés sur l'image.

Dans le Languedoc et la Provence, on ne bat point au fléau. L'extraction du grain des épis se fait par ce qu'on nomme le dépicage; cette opération consiste à étendre les gerbes sur l'aire et à les faire fouler par les pieds des chevaux que l'on maintient au trot. On a soin de pousser la paille sous les pieds des animaux et de la retourner avec des fourches. Cette méthode est expéditive, mais elle brise la paille, et de plus elle laisse du blé dans les épis: cette paille brisée donne une litière plus douce pour les bestiaux. On opère aussi le dépicage avec des rouleaux en bois dur ou en pierre, cependant cette méthode n'est pas généralement adoptée, on donne la préférence au battage avec le fléau; pour aller plus vite on a imaginé des machines à battre, au moyen desquelles on peut se passer des batteurs. Les unes sont tournées par des hommes, les plus grandes sont mises en mouvement avec des chevaux, comme les meules à cidre ou celles des moulins à huile dont on se sert aux environs de Paris, mais ces machines coûtent beaucoup, et c'est pourquoi elles ne sont pas très répandues; on peut les conseiller aux gros fermiers, à ceux qui récoltent une grande quantité de grains. Les machines à battre sont composées de plusieurs pièces. Les gerbes sont présentées par poignées et engagées entre deux rouleaux cannelés qui entraînent les épis et les soumettent à un battage très vif; pour s'en faire une idée, il est bon d'en voir une en mouvement. Les épis sont presqu'entièrement dépouillés et l'on obtient un dixième de plus en grain que par le battage ordinaire. La paille est propre et peu brisée, elle est aussi bonne pour servir de litière que pour être donnée à manger aux bestiaux.

Nettoyage du grain.

Après le battage, de quelque manière qu'il soit fait, le grain n'est pas propre; il est mélangé avec les balles ou bouffes, c'est à dire les écailles qui l'enveloppent, il peut s'y trouver du sable, de la menue paille et autres débris de plantes; on le nettoie de plusieurs manières. Dans quelques pays on le vente et dans d'autres on le vanne. Le ventage se fait à la pelle et le vannage s'opère avec un van. Le van est une corbeille d'osier qui a la forme d'une coquille, avec une anse à chaque côté. L'opération du ventage est très simple; mais elle ne convient que dans le cas où le battage se fait en plein air, elle ne réussit bien que lorsqu'il fait un peu de vent: les ouvriers se placent dans une direction opposée à celle du vent; avec une pelle en bois, ils lancent le blé aussi loin qu'ils peuvent; les balles et menues pailles sont rejetées près des venteurs, et le grain étant le plus lourd, parvient à l'endroit le plus éloigné; on le sépare ensuite avec un balai, des grains les plus légers qui sont sur le bord opposé du vent; cette opération terminée, on passe le blé à travers un crible, et le vent en sépare encore la poussière et les parties les plus légères que l'on conserve pour la volaille ou que l'on fait moudre pour le bétail. Cette méthode est suivie dans le midi de la France, et dans la Bretagne. Dans les provinces du centre, on se sert du van: l'ouvrier agite adroitement le grain, les balles et les semences les plus légères viennent à la surface, sont ramenées au bord, et ensuite séparées par un mouvement particulier du vanneur. Mais la meilleure manière de séparer le grain des balles ou de la bouffe est l'emploi du moulin à vanner qu'on nomme Tarare: c'est le plus expéditif et le moins fatigant. Cette machine donne le grain beaucoup plus propre que le ventage et le vannage. On la voit actuellement dans les fermes parce qu'elle ne coûte pas cher, elle se trouve chez tous les marchands de blé et meuniers, chez les fabricants d'instruments pour l'agriculture et même chez plusieurs boulangers. C'est une espèce de coffre d'une forme particulière, il est surmonté d'une trémie dans laquelle on verse le blé à nettoyer ; il tombe sur un premier crible dont les trous sont assez gros pour laisser passer le grain : ainsi tamisé, il est exposé à l'action d'un vent très fort produit à l'aide d'un ventilateur composé de plusieurs ailes en planches. Ce ventilateur est tourné par un homme, au moyen d'une manivelle ; l'air, ainsi agité, chasse les balles et la poussière hors du coffre et le grain plus lourd, tombe sur un second crible incliné et en fil de fer qui laisse passer les petites graines, de sorte que le bon blé se trouve séparé des mauvaises graines, de la poussière et de toutes autres impuretés, c'est alors qu'on le met dans les sacs pour le porter au marché, ou bien on le monte au grenier, sur le plancher duquel il est mis en tas jusqu'à ce qu'il soit vendu ou porté au moulin.

Ainsi se termine le travail de la récolte, on voit qu'il est très pénible et qu'il exige beaucoup de soins et une grande surveillance de la part du maître. Dans beaucoup de villages, la fin des moissons ainsi que celle du battage, est fêtée par des réjouissances champêtres. Dans le midi, dans la Bretagne, on retrouve les fêtes et les jeux à la fin de chaque espèce de récolte, on y voit qu'après avoir rendu des actions de grâces au Seigneur, en faisant bénir les plus beaux fruits de la récolte par le vénérable pasteur du village; on se livre ensuite aux plaisirs innocents auxquels tout le monde prend part, hommes, femmes, enfants, filles et garçons; les vieillards y tiennent le premier rang; tout se passe en joie, un peu bruyante il est vrai, mais qui offre un charme qu'on ne goûte point à la ville. Le Curé lui-même se rend aux jeux et sa présence y maintient le bon ordre et l'innocence.

Ce que je viens de dire ne concerne que l'égrenage du blé, du seigle, de l'orge et de l'avoine; il faut que je parle actuellement de celui du maïs ou blé de Turquie. Dans le midi de la France, comme il fait beaucoup plus chaud et que les épis sèchent promptement, je l'ai vu battre au fléau et le grain se séparer très bien; mais dans les pays plus au nord, où le temps est quelquefois pluvieux à l'époque de la récolte, la dessication ne peut avoir lieu en plein air; on fait sécher les épis, dont le grain n'est pas destiné pour semence, à l'aide de la chaleur; mais la farine du grain séché à l'air se conserve mieux. Dans la Bourgogne et la Franche-Comté on procède de la manière suivante: on chauffe le four comme pour faire cuire le pain; on y met ensuite les épis qu'on étend sur l'aire également, et qu'on a soin de remuer et retourner à la pelle; on les retire ensuite lorsqu'ils sont suffisamment secs.

Beaucoup de femmes de ménage dans les petites fermes, se contentent de mettre les les épis dans le four après la cuisson du pain, et les laissent jusqu'au lendemain; si la première chauffe ne suffit pas, on les repasse une seconde fois au four; lorsque le maïs est assez sec, on l'égrène à la main. La fusée ou le panneton après avoir été dépouillé de ses grains, sert à entretenir le feu; mais actuellement on le coupe et on le donne au bétail. On a construit aussi une machine avec laquelle on peut égrener le blé de Turquie beaucoup plus vite qu'avec la main.

Une fois le blé nettoyé, vanné, criblé, il exige encore beaucoup de soins pour être conservé: ce sont les rats qui le mangent; de petits insectes noirs qui établissent leur demeure dans l'intérieur du grain; de plus il peut fermenter et germer, s'il est légèrement humide. Il faut donc avoir bien soin de ne le serrer que quand il est complètement sec, le remuer de temps en temps, car le mouvement chasse les insectes. Le meilleur moyen de conservation est de l'enfermer dans des sacs. Dans quelques pays où la température est excessive soit en chaud, soit en froid, où il est difficile d'établir de grandes constructions, en Russie et dans le nord de l'Afrique, on creuse des espèces de greniers souterrains où le grain se conserve parfaitement.

Avant de parler des usages auxquels on emploie les blés, je vais dire à quoi l'on emploie les pailles. D'abord on s'en sert pour faire la litière du bétail; c'est elle qui retient les urines des bêtes et donne de la consistance aux fumiers; celle du seigle sert à faire ce qu'on nomme des liens. On l'emploie aussi pour remplir la paillasse de nos lits; la paille contient encore assez de parties nutritives pour servir d'aliment aux animaux; on la donne seule ou on la coupe avec des hache-paille et on la mêle avec des fourrages qui contiennent beaucoup d'eau, principalement les racines de betteraves, de navets. On emploie les diverses espèces de pailles pour faire des paillassons pour couvrir les haies; on tresse la paille pour fabriquer ces petits paniers qu'on nomme Cabas à Paris. C'est avec plusieurs espèces de pailles que l'on fabrique des chapeaux et beaucoup de petits ouvrages très jolis. On teint les pailles de plusieurs couleurs. Dans les campagnes où la tuile est rare, on couvre les maisons avec de la paille, mais ces toits en paille devraient être proscrits, parce qu'ils exposent les bâtiments à être brûlés.

Le Meunier.

5e Leçon.

Le meunier est l'homme qui se charge de convertir le blé en farine. Cette opération a lieu en faisant passer le grain entre deux meules rondes, épaisses de 30 centimètres environ, placées l'une sur l'autre ; ces meules sont mises en mouvement, soit par des chevaux, des mulets ou des bœufs, soit à bras d'hommes, soit par l'eau, par le vent ou la vapeur. On fait les meules de moulins avec plusieurs sortes de pierres plus ou moins dures et déchirantes. Les meilleures meules et les plus généralement adoptées, sont en meulières, espèce de pierre poreuse qui tient de la nature du caillou. Les appareils pour imprimer aux meules le mouvement de rotation qu'elles ont pendant leur travail, sont trop compliqués pour pouvoir être décrits ici d'une manière bien claire. Nous nous contenterons de dire que depuis quelques années on a introduit de grands perfectionnements dans la construction des moulins à farine et des rouages qui les font mouvoir : ces perfectionnements ont surtout pour résultat de procurer un emploi plus avantageux de la force motrice.

Les meules d'un moulin ne sont pas mobiles toutes les deux : celle de dessous, appelée meule en gîte, est scellée dans le plancher et demeure immobile ; celle de dessus, appelée meule courante, est la seule qui tourne, cette dernière supportée par un arbre en fer qui traverse la meule en gîte est percée dans son centre d'un œillard ou trou rond de 25 à 30 centimètres de diamètre.

par lequel on fait tomber le grain qu'elle doit écraser. Il y a divers appareils pour introduire le grain dans l'œillard de la meule courante; le plus répandu consiste en un auget de bois, ouvert par un de ses bouts, et suspendu sur un coffre également de bois qui enveloppe et recouvre la meule. Une trémie verse le blé dans cet auget qui l'amène dans l'œillard au moyen d'un petit balancement de droite à gauche ou de gauche à droite que lui communique la meule elle-même en tournant. L'appareil de la trémie, de l'auget et de la boîte à meule est représenté dans la gravure placée en tête de ce chapitre, offrant la vue intérieure d'un moulin à trois paires de meules.

Parlons maintenant de la mouture. Il y en a trois sortes pratiquées en France: la mouture à la grosse, la mouture économique et la mouture anglaise ou américaine.

La mouture à la grosse consiste à écraser d'une seule fois le grain entre les meules, sans séparer les sons ni les farines. Dans la mouture économique, on commence à moudre le blé légèrement pour en extraire une farine commune, quoique blanche, et en même temps séparer de cette farine une fécule appelée gruau, ressemblant à un petit sable blanc assez fin. Ce gruau est ensuite repassé jusqu'à quatre fois entre les meules et produit quatre sortes de farine. La première sorte est de qualité supérieure et employée pour la pâtisserie et pour le pain de luxe. La mouture anglaise ou américaine n'est autre que la mouture à la grosse perfectionnée; comme celle-ci elle consiste à moudre le grain d'une seule fois et de manière à convertir sur le champ le grain en farine, sans qu'il soit nécessaire de le repasser sous la meule, opération qui altère toujours un peu la qualité des produits.

Quand le blé est moulu, il faut séparer les diverses qualités de farines et de sons. On se sert pour cela de tamis ou de sas, de bluteaux, de blutoirs et de bluteries.

Les tamis et les sas, qui opèrent d'une manière lente et imparfaite, ne sont plus guère employés que dans quelques provinces. Les bluteaux sont des espèces de longues manches en étamine (étoffe de laine plus ou moins fine); ils sont attachés par leurs deux extrémités et tendus horizontalement dans un coffre long de près de 3 mètres. Un appareil fort simple, mû par le moulin, ce qui produit l'élévation [illegible] qu'on entend dans ces établissements. leur communique un mouvement agitation dont le résultat est de faire passer la farine au travers de l'étamine; le son va tomber à une des extrémités du bluteau, qui se termine par une ouverture ronde formée par un cerceau. Les bluteries se composent d'un arbre en fer muni de brosses de crin, tournant dans un cylindre immobile en menuiserie à jour, et ouvert à ses deux bouts. Ce cylindre est intérieurement garni de toiles métalliques en acier ou en laiton. Les brosses frottent fortement contre les toiles, au travers desquelles elles font passer la farine, par un mouvement de rotation très accéléré. Le son tombe au bout du cylindre. Les bluteries sont aussi de grands cylindres en menuiserie légère, mais elles tournent elles-mêmes et n'ont point d'arbre qui fonctionne dans leur intérieur. Leur enveloppe est recouverte d'étamine, ou bien d'un tissu de soie encore plus fin que l'étamine. La farine se tamise par le roulement que lui fait subir la bluterie en tournant. Ces appareils ont ordinairement depuis 4 jusqu'à 8 mètres de long et 60 à 90 centimètres de diamètre. On en voit beaucoup qui, au lieu d'avoir la forme ronde d'un cylindre, l'ont hexagonale ou octogonale, c'est-à-dire à 6 ou 8 angles et côtés.

Telles sont les principales pièces d'un moulin à farine, avec ces moyens matériels de fabrication, et quand la mouture est bien conduite, on peut retirer du blé de France de bonne qualité, depuis 72 jusqu'à 76 pour cent de toutes farines, le reste se compose de sons de diverses finesses, employés pour la nourriture des vaches, des porcs, des moutons et des chevaux. La mouture à la grosse fait seule exception, ses produits étant destinés à faire du pain de qualité inférieure, tel que du pain de munition: par exemple, on n'extrait du blé moulu que 10 ou 12 pour cent de son; tout le reste demeure dans la farine.

Nous ajouterons ici que le système de mouture généralement adopté dans les environs de Paris, où l'on travaille mieux que partout ailleurs, est celui de la mouture anglaise ou américaine. Il a été reconnu que, pour les farines ordinaires, c'était celui qui donnait les meilleurs produits en quantité et surtout en qualité. La mouture économique se fait avec de grandes meules de 2 mètres de diamètre; dans la mouture anglaise ou américaine les meules n'ont que 1 mètre 20 c. ou 1 mètre 30 c. de diamètre, mais on leur donne un mouvement de rotation plus rapide et qui est de 110 à 120 tours par minute.

Le Boulanger.

6e Leçon.

Passons actuellement au travail des boulangers représenté sur la gravure. On distingue dans la boulangerie plusieurs espèces de pain : le pain blanc, le pain bis blanc et le pain bis. On ne vend à Paris que du pain de deux qualités pour la nourriture des ménages. Toutes les autres sont de luxe et de fantaisie. Dans les petites villes et les campagnes on prépare un pain plus ou moins blanc, qu'on nomme pain de ménage. Chaque ménagère a son four, ou bien elle porte cuire son pain à un four qui est chauffé à certaines heures de la journée dans les petites villes, ou à un four commun ou banal. Le travail de la boulangerie est très fatigant à Paris, car il a lieu principalement pendant la nuit. Examinons les diverses opérations : si l'on pétrit, c'est-à-dire si l'on fait une pâte plus ou moins ferme avec de la farine et de l'eau, et qu'on la divise en petits pains ronds et plats, et qu'on la fasse cuire aussitôt après avoir été préparée, on obtiendra une galette ferme, dure et sans goût ; c'est le pain sans levain. C'est une pâte plutôt desséchée au four que cuite. Le pain qui est mat n'est pas aussi nourrissant, ni aussi facile à digérer que le pain fait avec ce qu'on appelle un levain, une pâte fermentée. Pour qu'un pain soit bon, il faut qu'il ne soit pas trop dur, qu'il ne fatigue pas l'estomac, qu'il soit de facile digestion. Avant de faire du pain, il faut de procurer un bon levain. Ce levain est destiné à exciter, à faire naître dans la pâte exposée dans un endroit chaud, un mouvement, une espèce d'ébullition qu'on nomme fermentation. Il se forme dans l'intérieur, des bulles d'air semblables à ces bulles de savon que l'on fait en soufflant dans un tuyau de paille dont le bout est trempé dans l'eau de savon : ces bulles ne peuvent sortir, s'échapper de la pâte. Celle-ci s'augmente, elle est soulevée, elle gonfle, on dit qu'elle lève, elle devient plus légère, et c'est cet air enfermé dans la pâte qui forme dans le pain les trous plus ou moins grands qui constituent la bonne qualité du pain et sa légèreté. Voici comment on fait le pain dans les boulangeries de Paris et des autres grandes villes. On met la farine dans le pétrin. Le pétrin représenté dans la gravure, est une caisse carrée, longue, peu profonde ; elle est plus large à son ouverture qu'au fond, de sorte que les côtés sont en pente comme dans une trémie. On commence par mettre du levain. Pour cela, on a conservé à chaque cuisson une petite portion de pâte, on prend celle qui a servi à faire du pain mollet. Dans les ménages on garde ce levain de chef sept à huit jours, et encore plus dans les campagnes, ce qui est une mauvaise habitude, parce qu'il devient aigre, et quelquefois il pourrit et n'est plus bon. Après douze ou quinze heures un levain peut être bon à employer. Pour faire le premier levain, on prend pour trente livres de farine, trois livres de levain de chef. On délaie les trois livres de levain avec une pinte et demie d'eau et on ajoute dix livres de farine. L'eau doit être tiède en hiver et froide en été. On ne doit jamais employer de l'eau bouillante. On fait une pâte un peu ferme qu'on laisse dans un coin du pétrin en l'entourant de farine pressée afin qu'elle ne coule pas. On la couvre plus ou moins selon la chaleur de la chambre. Le levain est bon lorsqu'il est bombé au milieu, qu'il repousse la main qu'on appuie dessus, qu'il ne se fendille point, enfin qu'il a une odeur de vin. Il est d'une grande importance de prendre son levain à propos. Quatre heures après que le premier levain est fait, on fait le second levain. Pour cela on prend la huitième partie de la farine que l'on veut employer, on la met dans le pétrin. On fait la fontaine, c'est-à-dire un creux au milieu de la farine, et dans ce creux on verse de l'eau tiède ou froide. On délaie dans cette eau le premier levain avec la farine, on pétrit cette pâte et on la laisse reposer. Lorsque ce second levain s'est suffisamment gonflé, on fait le pétrissage avec le restant de la farine que l'on convertit en pâte. C'est le travail le plus pénible du boulanger, il exige un ouvrier fort, vif et adroit. La pâte est maniée pendant un temps plus ou moins long, afin de la rendre bien liée, longue et à faire entrer autant d'eau que possible. Elle devient aussi plus légère parce qu'il s'y introduit de l'air. —

Cet ouvrier parce que tout nu devant le pétrin, est occupé au pétrissage; à Paris, on l'appelle le geindre. Dans les ménages, ce sont ordinairement les femmes qui font le pain : Elles ne préparent qu'un levain la veille avec le levain de chef ou le petit levain; elles emploient alors le tiers de la farine qu'elles ont à convertir en pains. Le lendemain elles pétrissent.

Cette opération demande de la force; elles y suppléent souvent par l'adresse, et j'en ai vu qui réussissaient à faire d'aussi bon pain que le boulanger. Il y en a quelques-unes qui attachent une espèce de vanité ou d'orgueil à bien faire le pain. C'est dans l'eau employée sur la fin du pétrissage que l'on ajoute le sel de cuisine qui donne bon goût au pain. Après le pétrissage, les boulangers laissent la pâte dans le pétrin ou bien ils la retirent pour la mettre dans une auge, ou quelquefois une corbeille d'osier très-serrée et saupoudrée de farine, c'est-à-dire qu'on a légèrement répandu de la farine pour que la pâte ne s'attache pas à l'osier. Dans les ménages, on met aussitôt la pâte dans des corbeilles d'osier rondes ou en forme de soucoupes. On ne met dans chacune que la quantité nécessaire pour faire un pain ou une miche ronde. Dans les campagnes on fait des miches très-grosses.

Lorsque la pâte est faite, le boulanger la retire du pétrin et la met par petites portions sur une table. Il la façonne pour lui donner la forme du pain long ou rond, qu'il met dans un panneton. Le panneton est une corbeille longue garnie en dedans d'une toile serrée. On voit sur la gravure le garçon qui façonne la pâte sur une table. Il est un peu plus habillé que le geindre. Dessous ou près de la table sont des corbeilles longues ou pannetons pour recevoir la pâte. Chaque morceau de pâte est pesé avant d'être façonné et étendu dans les pannetons. La pâte une fois mise dans les corbeilles, est laissée en repos le temps suffisant pour qu'elle lève. Elle se gonfle et augmente de volume au point de dépasser les bords des pannetons. En été, on la laisse à l'air libre, mais en hiver on la couvre. Il ne faut point trop presser la fermentation, le mouvement qui se fait dans la pâte, et qui est le même que celui que vous pouvez observer dans la bière. C'est un talent que de bien saisir le moment où la pâte est levée et bonne à être mise au four; pour cela il faut qu'elle remplisse tout l'intérieur du panneton, qu'elle repousse la main qui la frappe, qu'elle ne se fendille pas, et, de plus, qu'elle ne coule pas lorsqu'on la verse des corbeilles.

Chauffage du four et cuisson du pain.

Laissons notre pâte s'apprêter et chauffons le four. Ce n'est pas tout de faire de la pâte, il faut cuire le pain.

four est bâti en tuileaux. Il doit être bien uni pour que le pain y soit à plat. Le dessous ou la voûte doit être solide, les tuileaux solidement liés ensemble. La bouche ou l'ouverture est fermée par une plaque en tôle forte ou en fonte. Pour chauffer le four, on se sert de fagots ou de bois blanc fendu et bien sec; on place les bûches d'abord dans le fond du four et on les allume. On fait le feu ensuite sur les côtés et dans le milieu, plus ou moins près de la bouche. Lorsque tout le bois est converti en charbon ou en braise, on l'approche de la bouche avec un ringard représenté à côté de la pelle, on fait tomber la braise enflammée dans une braisière en tôle qu'on recouvre pour l'éteindre ou l'étouffer. Il faut que le temps de chauffer le four soit mesuré avec celui qui est nécessaire pour que la pâte soit en apprêt, c'est-à-dire levée. C'est l'habitude ou la pratique qui guide l'ouvrier. Si l'on ne saisit pas le moment exact, la fournée peut être manquée ou va mal, et le pain n'a pas bonne mine, une belle couleur. Plus un four est chauffé souvent, moins il faut de bois pour l'amener au degré de chaleur convenable pour cuire le pain. Aussi chez les Boulangers de Paris et des grandes villes qui font tous les jours plusieurs fournées, les fours ne se refroidissent jamais comme dans les ménages qui ne cuisent que tous les huit jours. Au-dessus du four est une chambre qui peut servir d'étuve, et dessous un tiroir qui sert à tenir chauds les rôtis et autres plats. Il résulte de ce que je viens de dire que toute la chaleur est dans la maçonnerie du four qui la rend à la pâte.

La manière d'enfourner n'est pas une chose indifférente parce qu'il y a nécessairement dans le four des places plus chaudes les unes que les autres. Pour enfourner, on renverse les pannetons sur la pelle saupoudrée avec un peu de son fin ou fines recoupes. On place les pains les plus gros dans le fond et sur les côtés, on met les plus petits au milieu. On arrange les pains à côté les uns des autres de manière à ne pas les déformer, et à ce qu'ils ne tiennent pas ensemble. Les points par lesquels ils se touchent et qu'on nomme baisures, sont mal cuits, sans couleur et donnent une mauvaise tournure aux pains. Lorsque le four est plein, on ferme la bouche, et on l'ouvre de temps en temps pour voir si la cuisson va bien. Si le four était trop chaud, on laisserait la bouche ouverte ou à moitié fermée. Il faut éviter de laisser surprendre la pâte, parce qu'alors le pain se cuit inégalement et la croûte se sépare de la mie. On dit, dans ce cas, que le pain lève la croûte. On laisse les pains plus ou moins longtemps dans le four suivant leur grosseur et selon qu'ils sont faits de pâte ferme ou de pâte molle. Les pains de ménage, exigent plus de temps à cuire que les pains blancs. On reconnaît que le pain est cuit lorsqu'en frappant dessous, du bout du doigt, il résonne avec force, et qu'à l'endroit de la baisure, la mie pressée légèrement repousse comme un ressort. En sortant du four, on range les pains à côté les uns des autres, et on ne les enferme que lorsqu'ils sont parfaitement refroidis. Il faut éviter de manger du pain chaud, parce que dans cet état la mie est collante et donne des indigestions. Il est bon de ne manger le pain que le lendemain de sa cuisson, lorsqu'il est ce qu'on appelle rassis. Le pain se conserve longtemps si on le tient dans un endroit sec et chaud. Pour la marine, on fait de petits pains ronds et plats que l'on dessèche et durcit au point de ne pouvoir être mangés à moins qu'on ne les ramollisse dans l'eau, ou mieux, en les plaçant au-dessus d'un vase dans lequel on fait bouillir de l'eau. Dans un endroit humide ou bien lorsque le temps est à la pluie pendant plusieurs jours, le pain se ramollit, il s'humecte, et l'eau pénètre au dedans comme dans une éponge; alors il se gâte et se moisit. Outre que le pain moisi est d'un goût très-désagréable, il occasionne des accidents qui n'ont pas été assez examinés. Le pain bis se moisit plus promptement que le pain blanc, et les grosses miches de nos villageois se gâtent plus vite que nos petits pains de la ville. Avec la fine farine de seigle, on fait des petits pains qui ont une saveur agréable et qui se conservent plus longtemps tendres. La pâte est alors plus difficile à travailler que celle de froment. Dans les campagnes on fait ce qu'on nomme le pain de méteil; le méteil est un mélange de froment et de seigle que l'on cultive dans le même champ, qu'on récolte et bat ensemble et que l'on porte ainsi au moulin. Le mieux est de moudre le blé et le seigle séparément et de mêler les farines comme on le jugera convenable. Le pain de méteil, lorsqu'on ne laisse pas trop de son, est bon. La farine d'orge, employée seule, fait un pain de mauvaise qualité, d'où le proverbe grossier comme du pain d'orge. Avec la farine de blé de Turquie, on fabrique en Italie des paquets ou petits pains qui ne m'ont paru bons qu'étant mangés presque en sortant du four. L'avoine et le sarrasin ou blé noir, le carabin des Bretons, ne peuvent servir à faire du pain sans farine de froment. Il en est de même du riz et de la pomme de terre, ainsi que des haricots, des pois, des fèves et autres farineux. On a essayé de faire le pain avec une machine, mais on ne parviendra jamais à faire un pain aussi beau à la mécanique qu'à force de bras. En cuisant, la pâte perd de son poids, parce qu'une partie de l'eau qu'elle contient s'évapore. Ainsi le pain cuit pèse moins que la pâte, et, pour avoir un pain de 2 kilogr., il faut mettre 125 grammes en plus de pâte.

Paris. — Imprimerie de Ch. Lahure et Cie, rue de Fleurus, 9.

LIBRAIRIE DE L. HACHETTE ET Cie
RUE PIERRE-SARRAZIN, N° 14, A PARIS.

BIBLIOTHÈQUE MANUSCRITE DES ÉCOLES PRIMAIRES

OU

EXERCICES DE LECTURE DANS LES MANUSCRITS.

1re partie : CHOIX GRADUÉ DE 50 SORTES D'ÉCRITURES pour exercer à la lecture des manuscrits. *Première édition.* 4 cahiers composés chacun de 32 pages grand in-8°, et contenant :

Le n° 1 : *Préceptes de conduite pour les enfants, et anecdotes instructives.*
Le n° 2 : *Principaux événements de l'histoire ancienne et de l'histoire moderne.*
Le n° 3 : *Modèles d'actes et de factures. Notions industrielles.*
Le n° 4 : *Modèles de style épistolaire.*

Les 4 cahiers réunis en un volume. Prix, cartonnés................ 1 fr. 50 c.
Chaque cahier séparément. Prix de la douzaine.................... 4 fr. 50 c.
Ouvrage autorisé par le Conseil de l'Instruction publique.

— LE MÊME OUVRAGE. *Nouvelle édition* entièrement refondue par M. Barrau. 4 cahiers composés chacun de 32 pages grand in-8°, et contenant :

Le n° 1 : *Préceptes de conduite pour les enfants, et anecdotes instructives.*
Le n° 2 : *Principaux événements de l'histoire de France.*
Le n° 3 : *Modèles d'actes et Notions industrielles.*
Le n° 4 : *Modèles de style épistolaire.*

Les 4 cahiers réunis en un volume. Prix, cartonnés..................... 1 fr. 50 c.
Chaque cahier séparément. Prix de la douzaine......................... 4 fr. 50 c.

— *Le même ouvrage* reproduit en caractères d'imprimerie, à l'usage des maîtres. 1 vol. in-8°. Prix, cartonné..................... 1 fr. 50 c.

2e partie : PREMIÈRES NOTIONS D'HISTOIRE NATURELLE ET D'ÉCONOMIE DOMESTIQUE. 4 cahiers ornés de 40 vignettes, composés chacun de 32 pages grand in-8°, et contenant :

Le n° 1 : *Culture et emploi du blé.*
Le n° 2 : *Arbres, Arbustes et Plantes.*
Le n° 3 : *Animaux sauvages.*
Le n° 4 : *Animaux domestiques.*

Les 4 cahiers réunis en un volume. Prix, cartonnés................ 1 fr. 50 c.
Chaque cahier séparément. Prix de la douzaine..................... 4 fr. 50 c.
Ouvrage autorisé par le Conseil de l'Instruction publique.

3e partie : HISTOIRE SAINTE ET HISTOIRE DE NOTRE-SEIGNEUR JÉSUS-CHRIST. 4 cahiers ornés de 70 vignettes, composés chacun de 32 pages in-8°, et contenant :

Le n° 1 : *Histoire sainte, 1re partie.*
Le n° 2 : *Histoire sainte, 2e partie.*
Le n° 3 : *Histoire sainte, 3e partie.*
Le n° 4 : *Histoire de Notre-Seigneur Jésus-Christ.*

Les 4 cahiers réunis en un volume. Prix, cartonnés................ 1 fr. 50 c.
Chaque cahier séparément. Prix de la douzaine..................... 4 fr. 50 c.

4e partie : MANUEL ÉPISTOLAIRE ou Lettres choisies de grands écrivains et de personnages célèbres. 4 cahiers composés chacun de 32 pages grand in-8°, et contenant :

Le n° 1 : *Lettres morales et instructives.*
Le n° 2 : *Lettres historiques et littéraires.*
Le n° 3 : *Lettres badines et familières.*
Le n° 4 : *Lettres de genres et de styles divers.*

Les 4 cahiers réunis en un volume. Prix, cartonnés............ 1 fr. 50 c.
Chaque cahier séparément. Prix de la douzaine.................. 4 fr. 50 c.

DE L'IMPRIMERIE DE CH. LAHURE (ANCIENNE MAISON CRAPELET),
rue de Vaugirard, 9, près de l'Odéon.

www.ingramcontent.com/pod-product-compliance
Lightning Source LLC
LaVergne TN
LVHW010011230826
846092LV00002B/763

9782329648767